AF253482

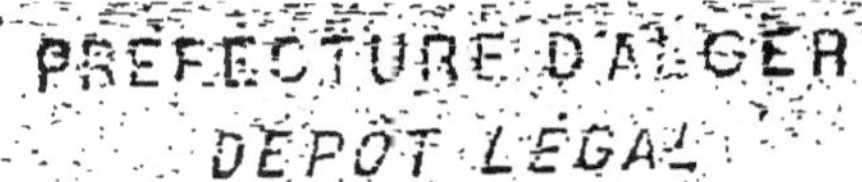

# LA MÉDECINE

ET LES

# QUARANTAINES

DANS LEURS RAPPORTS

## AVEC LA LOI MUSULMANE

*(Tanouir El Adhen)*

## TRADUCTION

ALGER
IMPRIMERIE ORIENTALE, PIERRE FONTANA ET COMPAGNIE
1896

# LA MÉDECINE

## ET LES

## QUARANTAINES

### DANS LEURS RAPPORTS

## AVEC LA LOI MUSULMANE

*(Tanouir El Adhen)*

---

## TRADUCTION

ALGER

IMPRIMERIE ORIENTALE, PIERRE FONTANA ET COMPAGNIE

1896

# LA MÉDECINE

## ET LES QUARANTAINES

### DANS LEURS RAPPORTS AVEC LA LOI MUSULMANE

#### (*Tanouir El Adhen*)

---

Le texte arabe est précédé de l'approbation et des appréciations élogieuses de :

MM. BEN ZAKOUR (Mohammed ben Mustapha), mufti malékite d'Alger ;

BOUKANDOURA (Mohammed), mufti hanafite d'Alger ;

HADJ MOUSSA (Ali ben El-Hadj Moussa), oukil et imam de la mosquée de Sidi-Abderrahman Thaàlibi ;

IBN ZEKRI (M'hammed Saïd ben Ahmed), professeur de droit musulman à la médersa d'Alger, et imam prédicateur à la mosquée de Sidi-Ramdhan.

## TRADUCTION

Au nom du Dieu clément et miséricordieux.

Louange à Dieu qui a subordonné l'effet à la cause, et qui dirige le cours des événements ; qui, dans le livre révélé, le plus sûr des guides, nous ordonne d'éviter tout ce qui est nuisible ;

— 4 —

Que le salut et la bénédiction s'étendent sur
celui qui nous a recommandé de veiller à la
conservation de notre santé, le plus beau des
ornements, et le plus précieux des dons ; sur
notre Seigneur Mohammed, le médecin des âmes
et des corps ; ainsi que sur sa famille, source de
la sagesse, et sur ses compagnons, qui brillent
comme des flambeaux dans les ténèbres.


Le glorieux Gouvernement français consacre
tous ses efforts au maintien de la santé publique ;
il procure aux malades les soins médicaux, prend
les précautions utiles pour éviter les maladies
et les dangers de toutes sortes, et installe des
lazarets pour préserver le pays de toute contagion. Notre très éminent Gouverneur, M. Jules
Cambon, se préoccupe d'étendre les mêmes bienfaits à la population musulmane, dont il a à cœur
d'assurer la santé, la tranquillité et le bien-être.
Dans sa haute sollicitude, il a créé notamment
deux hôpitaux pour les musulmans, l'un en Ka-
bylie, l'autre dans l'Aurès.

Ces dispositions bienveillantes m'ont inspiré
le dessein de réunir, dans une notice courte mais
substantielle, les textes empruntés au Coran,
aux traditions du Prophète (hadiths), et aux
ouvrages des jurisconsultes anciens et modernes,
et de montrer que les mesures ordonnées par
notre généreux Gouvernement n'ont absolument
rien de contraire aux principes de notre religion,

comme le pensent à tort quelques esprits peu éclairés.

Considérant aussi que certaines personnes méconnaissent l'importance et l'utilité de la médecine, et prétendent que s'abstenir de toute médication, c'est faire preuve de résignation et de confiance en Dieu ; qu'il en est même qui croient qu'il est défendu par la religion de recourir à un médecin non musulman, opinions qui sont le résultat de l'ignorance et de l'erreur, j'ai divisé mon travail en quatre chapitres, dont chacun est consacré à l'une des questions à examiner.

Mon seul but est de combattre l'erreur ; le succès dépend de Dieu ; c'est lui qui dirige vers le bien, et c'est en lui que je me confie.

# I

## Les soins médicaux dans leurs rapports avec la loi musulmane.

Les soins médicaux sont recommandés par le livre révélé. Dieu a dit dans le Coran, en parlant des abeilles : « *De leurs entrailles sort une liqueur de couleurs variées, qui contient un remède pour les hommes* (1). » Ce qui signifie que le miel est un des remèdes les plus connus et les plus efficaces contre les maladies humaines, non que c'est un remède contre toute maladie.

_______________

(1) Coran, XVI, 71.

Ce verset du Coran établit le caractère licite des soins médicaux au point de vue religieux. Celui qui a créé la maladie a créé aussi le remède, et en a recommandé l'usage.

*Hadith.* — L'imam El Bokhari [1] relate ces paroles qui furent recueillies par Abou Horeïra [2] de la bouche du Prophète :

*« Dieu n'a créé aucune maladie pour laquelle il n'ait également créé un remède. »* Ce qui signifie que Dieu n'envoie jamais une maladie à quelqu'un sans qu'il lui assigne en même temps un remède, et que si le malade fait usage de ce remède au moment opportun il guérit.

*Hadith.* — L'imam Moslim [3], dans son recueil, cite cet autre hadith recueilli par Djabir [4] : *« Toute maladie a un remède. Quand on emploie le médicament approprié à une maladie, le malade guérit par la volonté de Dieu. »* C'est-à-dire que si le malade découvre le médicament qui convient à sa maladie, que ce médicament lui soit indiqué par son expérience personnelle, ou par un homme compétent, et s'il l'emploie à la dose convenable et au moment favorable, la guérison s'ensuit.

---

(1) Auteur du *Djamiâ Eççah'ih*, l'un des deux recueils de hadiths (traditions) reconnus authentiques, né en 194 de l'hégire ; mort en 256 (869).

(2) Compagnon du Prophète.

(3) Moslim, auteur du second recueil des traditions du Prophète, mort en 261 (874).

(4) Compagnon du Prophète.

— 7 —

*Hadith*. — L'imam Ahmed, Abou Daoud, Ibn Madja, Tirmidi et El Hakim[1] reproduisent ce hadith rapporté par Ousama[2] : « *Les Arabes demandèrent au Prophète : Envoyé de Dieu, ne devons-nous pas nous soigner en cas de maladie ? — Certainement, répondit-il ; soignez-vous, serviteurs de Dieu, car Dieu a assigné un remède à toutes les maladies, à l'exception d'une. — Quelle est, dirent-ils, cette maladie sans remède ? — La vieillesse, dit le Prophète.* »

*Hadith*. — L'imam Ahmed, Ibn Madja, et Tirmidi rapportent les paroles suivantes d'Abou Khozama[3] : « *Je demandai au Prophète : — Est-il des exorcismes, des remèdes ou des précautions au moyen desquels nous puissions conjurer quelques-uns des arrêts de Dieu ? — Tout cela, répondit le Prophète (exorcismes, remèdes et précautions), fait partie des arrêts de Dieu.* »

*Hadith*. — El Bokhari rapporte ces paroles prononcées par le Prophète et recueillies par Ibn Abbès[4] : « *Trois choses procurent la guérison : le miel, les ventouses et la cautérisation ; mais je recommande à mon peuple de ne pas recourir à la cautérisation.* » Il ne faudrait pas induire de ces paroles que ces trois remèdes,

---

(1) Ahmed est le fondateur de l'école hanbalite, l'une des quatre écoles orthodoxes.

(2) Abou Daoud, Ibn Madja, Tirmidi et El Hakim sont des jurisconsultes célèbres.

(3) Compagnons du Prophète.

(4) Cousin du Prophète.

seuls, sont capables de guérir les maladies, car il existe d'autres remèdes également efficaces. Le Prophète a voulu simplement indiquer les principaux remèdes employés.

*Hadith.* — El Bokhari raconte, d'après Abou Saïd, qu'un homme vint trouver le Prophète et lui dit : « *Mon frère souffre du ventre. — Fais-lui boire du miel, répondit le Prophète. — L'homme revint une seconde fois. — Donne-lui du miel, dit encore le Prophète. — Il revint une troisième fois. — Même réponse. — Il revint encore et dit : je lui ai donné du miel et il n'est pas guéri. — Le ventre de ton frère, dit le Prophète, ne saurait démentir la parole de Dieu. Donne-lui du miel. — Il le fit, et le malade revint à la santé.* » L'emploi répété du médicament avait fini par triompher de la maladie. Le dosage des remèdes, la façon de les adminis·trer, la violence de la maladie, la force du malade, sont, en effet, autant de choses importantes à considérer dans la médecine.

Ces hadiths indiquent que l'efficacité des remèdes n'est pas incompatible avec les décrets de la Providence, et que l'emploi des soins médicaux n'exclut pas la confiance en Dieu, pour ceux qui croient que les remèdes guérissent non par eux-mêmes, mais par la permission et la volonté préexistante de Dieu. Autant vaudrait dire que l'homme manque de confiance en Dieu quand il combat la faim et la soif par la nourriture et par la boisson, ou quand il évite les dangers de mort. Comment repousser les soins médicaux, sous prétexte de résignation, alors que le Prophète a eu recours lui-même à la médecine, lui qui, mieux que toute autre créature humaine, connaissait et honorait Dieu, et se soumettait à sa volonté.

Voici comment s'exprime El R'azali [1] dans son ouvrage *El-Ihïa :* « Les moyens employés pour combattre les affections nuisibles sont de trois sortes : 1° ceux dont l'efficacité est certaine, comme l'eau à l'égard de la soif, le pain à l'égard de la faim ; 2° ceux dont l'efficacité est probable, comme la saignée, la purgation, et la plupart des moyens thérapeutiques ; 3° enfin ceux dont l'efficacité est purement conjecturale, comme la cautérisation. — Ce n'est pas se confier en Dieu que de renoncer à l'emploi des moyens de la première catégorie ; bien plus, on commet une infraction à la loi divine, si on y renonce quand on est en danger de mort. — C'est au contraire faire preuve de résignation à la volonté divine, que de renoncer à ceux de la troisième catégorie. — Quant aux moyens de la seconde catégorie, au nombre desquels se placent les moyens thérapeutiques éprouvés par les médecins, leur emploi n'est nullement en opposition avec les devoirs de résignation. Ce qui le prouve, ce

---

(1) Célèbre jurisconsulte chaféite, auteur de plusieurs ouvrages renommés, mort en 505 de l'hégire (1111).

sont les actes et les paroles du Prophète, et ses recommandations en faveur de l'emploi des soins médicaux. »

Un savant raconte que le prophète Moïse étant tombé malade, les Beni-Israël vinrent le voir à son domicile. Ils reconnurent la maladie dont il était atteint, et lui dirent : « Si tu prenais tel remède, tu guérirais. — Je ne me soignerai pas, répondit-il ; j'attendrai que Dieu me guérisse sans prendre aucun remède. » — Sa maladie se prolongeant, on lui dit : « Le traitement de cette maladie est connu ; l'expérience en a été faite ; nous l'employons et il nous réussit. — Je ne me soignerai pas, répéta Moïse. » La maladie persista. Dieu alors lui fit entendre ces paroles : « J'en jure par ma gloire et par ma majesté, je ne te guérirai pas avant que tu n'aies suivi le traitement que l'on t'a indiqué. » Moïse demanda alors à être soigné d'après les indications qui lui avaient été données, et il se rétablit. Alors le doute envahit son esprit. Mais Dieu lui envoya cette seconde révélation : « Tu as voulu mettre ma sagesse en échec avec la résignation. Qui donc a donné aux simples leurs propriétés utiles, si ce n'est moi ? »

D'où il ressort que Dieu, la cause des causes, a établi sa loi sur la relation de l'effet à la cause, pour la manifestation de sa sagesse, et que les remèdes sont au nombre des bienfaits concédés à l'homme par la volonté divine, comme tous les moyens mis à sa disposition.

Un Hébreu a rapporté que le prophète Abraham, l'ami de Dieu, interrogea le Seigneur. « De qui vient la maladie, demanda-t-il ? — De moi, lui répondit le Seigneur. — Et les remèdes, dit Abraham ? — De moi. — A quoi sert donc le médecin, reprit le prophète ? — Le médecin, dit le Seigneur, est un homme par l'intermédiaire de qui j'envoie le remède au malade. » (Extraits des *Maouahib.)*

L'imam Borhan Eddin Zernoudji [1], dans son livre *Tâlim Elmoutaâllim,* s'exprime ainsi : « L'étude de la médecine est autorisée par la religion, parce que la médecine est un des moyens mis à la disposition de l'homme. D'ailleurs, le prophète Mohammed a eu recours lui-même aux soins médicaux. »

L'imam Chaféï a dit : « Il y a deux sciences : celle de la loi religieuse pour les devoirs du culte, et celle de la médecine pour le corps. »

Le cheikh-el-islam Zakaria El-Ançari [2], dans son livre *Elloulou Elmandhoum* a dit : « L'étude de la médecine constitue une obligation de suffisance [3]. »

D'après ce qu'affirme le savant Mohammed

---

(1) Mort en 600 de l'hégire (1204).

(2) Abou Yahia Zakaria ben Mohammed El-Ançari, cheikh-el-islam au Caire, auteur de plusieurs ouvrages, mort en 924 de l'hégire (1516).

(3) L'obligation de suffisance est celle que la loi religieuse impose, non à chaque musulman, mais à la communauté ; lorsqu'un membre ou une fraction de la communauté s'en est acquitté, l'obligation cesse d'exister pour les autres. La prière des morts, la guerre sainte, sont des obligations de suffisance.

Birem El-Khamis, dans son livre *Çafouat El-Iâtibar*, l'imam Abou Hanifa, et d'autres doc-teurs ont déclaré qu'*il est contraire à la loi religieuse d'habiter un pays où il n'existe pas de médecin*.

En vertu des textes qui précèdent, il est admis d'un commun accord chez les musulmans que les soins médicaux sont autorisés par la loi, leur usage ne portant pas la moindre atteinte ni à l'idée de l'omnipotence du Dieu unique, ni aux principes de la religion, ni aux intérêts terrestres des musulmans, mais offrant, au contraire, de nombreux avantages et facilitant la vie sociale.

## II

### De quelques prérogatives accordées au médecin par la loi religieuse.

Il est permis au médecin de voir les parties du corps de l'homme (tout ce qui est compris entre les genoux et le nombril), dont la vue est interdite aux autres personnes en général. Cette faculté est mentionnée dans l'*Achbah*, d'Ibn Noudjéïm [1]. Il lui est même permis de voir, du corps de la femme, toute partie malade, mais celle-là seulement, les autres devant demeurer couvertes ; et il est tenu de s'abstenir de porter ses regards en dehors du siège de la maladie,

---

[1] Zin El Abidin ben Ibrahim Ibn Noudjéïm, mort en 970 de l'hégire (1562).

parce que ce qui est imposé par la nécessité doit se mesurer à cette nécessité même. C'est ainsi que la règle est formulée dans le *Dorr El Mokhtar* [1]. En outre, le médecin est tenu, quand cela est possible, d'indiquer à une femme la manière d'appliquer le traitement, parce que cela est moins choquant. Si cette combinaison n'est pas possible, le médecin doit opérer en présence d'un parent ou d'une autre personne, de manière à n'être jamais seul avec la malade.

On lit dans la *Djouhara* [2] : « Lorsque la maladie a atteint la plus grande partie du corps de la femme, à l'exception des parties génitales, il est permis de voir tout le corps au moment du pansement, parce que la nécessité l'exige. Si le siège de la maladie est sur les parties génitales, il *faut* apprendre à une femme à panser la malade ; si on n'en trouve pas, et qu'il y ait à craindre que la malade meure ou qu'elle soit exposée à des douleurs qu'elle ne pourrait supporter, on doit couvrir toutes les parties du corps autres que la partie malade, et le traitement peut être appliqué par un homme, sous la réserve qu'il s'abstiendra, autant que possible, de porter les yeux sur le reste du corps. »

Ibn Abidin [3] ajoute à propos de ce passage :

---

(1) Ouvrage de Àla Eddin Mohammed ben Ali ben Mohammed ben Ali El Haçkafi, jurisconsulte hanafite, mort en 1088 de l'hégire (1677).

(2) Ouvrage de droit hanafite, dont l'auteur est Abou Bekr ben Ali El-Haddad, mort en 800 (1398).

(3) Célèbre jurisconsulte hanafite, mort en 1252 (1836).

« Le mot *il faut* doit s'entendre dans le sens d'une obligation formelle. »

Pour celui qui administre un lavement, et pour celui qui procède à la circoncision, la règle est la même que pour le médecin.

L'auteur de la *Khania* [1] en parlant de la règle d'après laquelle *en cas de nécessité les choses interdites deviennent licites*, s'exprime ainsi : « L'opérateur peut regarder les parties génitales d'une personne pubère au moment de la circoncision. Il en est de même pour la sage-femme au moment de l'accouchement. »

Le savant El Adaoui [2], dans sa glose sur le commentaire d'El Kharchi [3], donne la note suivante : « Il n'est pas licite de regarder fréquemment et longuement une femme jeune, que ce soit une parente ou une étrangère, excepté en cas de nécessité, comme pour un témoignage ou dans une circonstance analogue. »

L'imam Errazi [4] dans son commentaire du Coran explique ainsi le verset : « *Commande aux croyants de baisser leurs regards,* etc. [5] » : « La seconde règle (à savoir qu'il est interdit à tout homme de regarder une femme qui lui est étrangère), souffre plusieurs exceptions. Il est permis notamment à un médecin sûr de regarder une

---

(1) Ouvrage de droit hanafite.
(2) Ali ben Ahmed Essaïdi, mort en 1189 de l'hégire (1775).
(3) Commentateur de Khelil, mort en 1101 hég. (1690).
(4) Auteur de l'un des commentaires du Coran les plus renommés (m. en 606 hég. (1209).
(5) Coran, XXIV, 30.

femme pour la soigner, comme il est permis à l'opérateur, au moment de la circoncision, de regarder les parties génitales de la personne opérée, parce qu'il y a nécessité dans ces deux circonstances. »

*Des médecins non musulmans.* — A défaut d'un médecin musulman de compétence reconnue, c'est-à-dire lorsqu'on ne trouve aucun médecin musulman, ou qu'on ne trouve qu'un de ces imposteurs qui se prétendent versés dans cet art si noble, sans en avoir la moindre notion, il est licite de recourir à un médecin non musulman. Il est établi en effet que le Prophète Mohammed consulta El Harith ben Kelda, médecin des Arabes, qui lui indiqua un traitement. Or, El Harith n'était pas musulman. Le fait est rapporté par l'imam Ibn Abd El Berr [1], dans son livre *El Istiâab*.

El Kharchi, dans son commentaire de Sidi Khelil, rapporte que l'imam El Mazári [2], étant tombé malade, se faisait soigner par un juif. Celui-ci lui fit remarquer que, d'après sa religion, il accomplirait un acte méritoire en le tuant. Ce fut alors que l'imam El Mazari s'adonna à l'étude de la médecine.

Le docte Ibn Ata Allah [3], dans son ouvrage

---

[1] Youssef ben Abdallah ben Abd El Berr, jurisconsulte malékite, mort en 463 (1071).

[2] L'imam Abou Abdallah Mohammed ben Ali ben Omar Temimi, de Mazara (Sicile), mort en 536 hég. (1142) à Mehdia (Tunisie).

[3] Mort en 709 hég. (1382).

*Lataïf El Minan*. raconte que le grand maître Abou El Hassan Chadouli [1] consultait un médecin chrétien.

Les jurisconsultes de l'école malékite vont même jusqu'à déclarer que l'on peut s'en rapporter, dans l'accomplissement de certaines pratiques religieuses, aux indications du médecin non musulman. Le célèbre jurisconsulte Sidi Khelil [2] dit ce qui suit dans le chapitre de la lustration pulvérale : « La lustration pulvérale est permise (au lieu et place de l'ablution) au malade et au voyageur en voyage licite, lorsqu'ils n'ont pas d'eau en quantité suffisante, ou qu'ils craignent, en faisant usage de l'eau, soit de tomber malades, soit d'aggraver une maladie déjà existante, soit d'en retarder la guérison. » Le commentateur Derdir [3] ajoute : « Il suffit que la crainte soit justifiée par l'expérience ou par les indications d'un homme versé dans la science médicale. » Et le glossateur Dessouqi [4] précise en disant : « L'indication du médecin est admise, *même s'il n'est pas musulman*, quand il n'y a pas de musulman connaissant la médecine, comme le déclare notre maître (El Adaoui). »

Un autre commentateur, El Kharchi [5], dit, à

---

[1] Abou El Hassan Ali ben Abdallah Chadouli, grand maître d'un ordre religieux, mort en 659 (1261).

[2] Khelil ben Ishaq ben Yakoub, célèbre jurisconsulte malékite. — Auteur du *Mokhtaçar*, dont le texte est universellement suivi par les musulmans algériens de l'école malékite, mort en 1422.

[3, 4, 5] Ce sont, avec El Adaoui, les commentateurs les plus renommés de Sidi Khelil.

propos du même passage de Sidi Khelil : « Il
suffit que la crainte soit inspirée par l'expérience, ou par les avis d'un médecin compétent. »
Et le glossateur El Adaoui ajoute : « Par les
mots *médecin compétent*, il faut entendre, selon
toute apparence, tout médecin compétent, *fût-il
d'une autre religion que l'islamisme*. Cette inter-
prétation est corroborée par un autre passage de
Sidi Khelil ainsi conçu : « On admet, en cas de
nécessité, la déclaration des personnes non irré-
prochables, fussent-elles même polythéistes [1]. »

On lit dans le *Mokhtaçar* de Sidi Khelil, au
chapitre du *Jeûne :* « Il est permis de rompre le
jeûne pour cause de maladie, quand il y a à
craindre une augmentation ou une prolongation
de la maladie. La rupture du jeûne est même
obligatoire lorsque le malade est exposé à succomber ou à endurer des souffrances violentes».

Ce passage est ainsi commenté par Derdir : « Il
est permis de rompre le jeûne en cas de maladie, si l'on craint, c'est-à-dire si l'on pense, soit
d'après la déclaration d'un médecin compétent,
soit d'après ce que l'on a constaté sur soi-même
ou sur une autre personne du même tempéra-
ment, que la maladie augmenterait ou que la
guérison serait retardée (si le malade persistait
à jeûner). — Il est également permis au malade
de rompre le jeûne s'il éprouve une souffrance
ou une fatigue ; mais ce motif ne suffit pas pour

_______

[1] En matière de vices rédhibitoires (Perron, Jurisprudence civile, III,
p. 342).

exempter du jeûne une personne bien portante.
— La rupture du jeûne est non seulement permise, mais obligatoire pour toute personne malade ou bien portante qui serait mise en danger de mort par le jeûne, ou qui aurait à supporter de violentes souffrances, ou qui serait exposée à perdre l'usage d'un organe, tel que celui de l'ouïe, de la vue, etc..., parce que *tout homme a pour première obligation de conserver sa personne.* »

A propos du même passage de Sidi Khelil, El Kharchi s'exprime ainsi : « La rupture du jeûne est permise pour le malade qui craint de voir sa maladie empirer. » Et le glosateur El Adaoui ajoute : « Cette crainte est suffisamment justifiée par la déclaration d'un médecin compétent, alors même que ce médecin serait un non musulman tributaire, si on est forcé de recourir à son ministère, ainsi que le déclarait El Qarafi. »

Or, s'il est permis de s'appuyer, dans l'accomplissement de certaines pratiques religieuses, sur les indications d'un médecin non musulman, à plus forte raison ces indications doivent-elles être admises en toute autre matière.

# III

**. Des plantes médicinales et autres remèdes considérés au point de vue de la loi religieuse.**

Les plantes et autres substances médicinales forment la base principale de tous les traitements, et ces remèdes sont, comme l'on sait, ou simples ou composés. Considérés au point de vue de la loi religieuse, ils peuvent être, dans les deux cas : 1° purs et, par conséquent, d'usage licite ; 2° ou impurs et, par conséquent, d'usage illicite. Il convient donc d'examiner tout d'abord quelle est, en matière de pureté et d'impureté, la règle générale, et de rechercher ensuite quelles sont les exceptions apportées à cette règle.

Tout ce qui existe sur la terre a été créé par Dieu pour l'utilité de l'homme ; et en principe toute chose créée est pure et d'usage licite. Dieu a dit dans le Coran : « *C'est lui* (Dieu) *qui a créé pour vous tout ce qui est sur la terre* [1] », c'est-à-dire les animaux, les végétaux et les minéraux, pour que vous les utilisiez au mieux de vos intérêts dans ce monde et dans l'autre. Un grand nombre de savants docteurs s'appuient sur ce verset du Coran pour en déduire que, en règle générale, toutes les choses existantes sont pures, et que, par suite, il est permis d'en faire usage sans enfreindre la loi religieuse, à l'exception de

---

(1) Coran, II, 27.

celles qui ont fait l'objet d'une prohibition spéciale. Telle est la doctrine empruntée par l'auteur des *Faraïd* [1], à l'ouvrage *El Khania*.

Les chefs des quatre écoles orthodoxes sont tous d'accord sur le caractère licite de certaines choses, telles que la viande du bœuf, du mouton, de la chèvre, du chameau, du lièvre et des oiseaux qui n'ont pas de serres ; mais ils sont divisés à l'égard d'un grand nombre de substances qu'il serait trop long d'énumérer. Bornons-nous à rappeler que, en principe, tout est d'usage licite, à l'exception de ce qui a été formellement interdit par Dieu, dans le Coran, ou par le Prophète, dans les hadiths. Parmi les choses prohibées par toutes les écoles, citons : la chair des animaux morts de mort naturelle, le sang qui a coulé, la viande de porc. L'école hanafite prohibe aussi la viande de tout animal sauvage pourvu de dents canines, de tout oiseau pourvu de serres ; mais ces prohibitions ne sont pas admises par l'école malékite. Il en est de même à l'égard des animaux répugnants, des insectes et des matières nuisibles, telles que la terre, les toxiques, et, généralement, tout ce qui peut nuire à l'ensemble du corps humain ou à l'un des organes qui le composent.

Les règles qui viennent d'être indiquées sont celles que l'on applique en l'absence de toute

---

[1] Ouvrage de Mahmoud ben Mohammed ben Hamza El Hosseïni, mufti de Damas, mort récemment.

contrainte. *Mais, lorsque la nécessité l'exige, il est permis, dans tous les rites, de manger les substances interdites par la loi religieuse.* Il est dit dans le Coran : « Il vous est interdit de manger les animaux morts, le sang, la chair de porc, et tout animal sur lequel on aura invoqué un autre nom que celui de Dieu. *Celui qui le ferait, contraint par la nécessité, et non comme rebelle et transgresseur, ne sera pas coupable ; Dieu est indulgent et miséricordieux* [1].» — « *Celui qui, cédant à la nécessité de la faim, et sans dessein de mal faire, aura transgressé nos dispositions, celui-là sera absous, car Dieu est indulgent et miséricordieux* [2]. » — « *Dieu vous a énuméré les aliments qu'il vous interdit, sauf les cas où vous êtes forcés à les employer* [3]. »

A l'égard du vin il y a, dans le rite hanafite, deux systèmes dont l'un en tolère l'usage, soit pour combattre la soif, soit à titre de remède en cas de nécessité. Mais le rite malékite est plus rigoureux. Voici, à cet égard, la règle formulée par Sidi Khelil : « Il est permis de boire du vin ou tout autre liqueur fermentée, en cas de contrainte, et pour faciliter la déglutition du bol alimentaire arrêté dans le gosier; mais il est interdit d'employer le vin comme boisson, ou comme médicament même pour l'usage externe. »

Ce passage est commenté dans les termes sui-

---

(1) Coran, II, 168 et XVI, 116.
(2) Coran, V, 5.
(3) Coran, VI, 119.

vants par Derdir : « La faculté de boire une
liqueur fermentée n'est accordée que dans deux
cas : 1° lorsque l'on y est contraint ; 2° quand le
bol alimentaire est arrêté dans le gosier, et qu'il
y a danger d'asphyxie, sans qu'on puisse employer un autre remède. Toutefois, Ibn Arafa [1]
prohibe l'usage du vin dans tous les cas. »

Le même commentateur dit plus loin : « Il n'est
pas licite d'employer les liqueurs fermentées
comme médicament, même pour l'usage externe,
même s'il y a danger de mort ; la même prohibition s'applique aux boissons fermentées que
l'on a mélangées à une substance d'usage licite. »
Le glossateur Dessouqi dit à ce propos : « La faculté d'employer le vin pour la déglutition du bol
alimentaire arrêté dans le gosier, et l'interdiction du vin en cas de danger de mort par la faim
ou la soif, s'expliquent par cette considération
que, dans la déglutition du bol alimentaire,
l'efficacité de l'absorption du vin est certaine ou
tout au moins très probable ; tandis que la faim
et la soif ne sont pas efficacement combattues
par l'emploi du vin ; au contraire elles ne font
qu'augmenter par suite de la chaleur du vin et
de sa digestibilité. » — Plus loin Dessouqi ajoute :
« Si le malade passe outre à l'interdiction et
absorbe, en guise de médicament, une liqueur
fermentée, il doit être flagellé. »

---

[1] Abou 'Abdallah Mohammed ben Mohammed ben Arafa, jurisconsulte
malékite, mort en 803 (1401).

Ibn El Arabi [1] a dit : « Nos savants sont divisés
sur le point de savoir s'il est permis d'employer
un remède dans la composition duquel entre une
liqueur fermentée. La meilleure solution est
celle de la négative, et la flagellation doit être
appliquée à celui qui emploie ce remède. »

Enfin Dessouqi dit encore : « L'interdiction
d'employer, à titre de médicament pour l'usage
externe, une liqueur fermentée seule ou mélan-
gée à une substance d'usage licite, ne s'applique
que s'il n'y a pas danger de mort. S'il y a danger
de mort à ne pas employer une liqueur fermentée, l'usage en est autorisé, comme l'affirme
Abd el Baqi [2]. »

Dans l'école hanafite il y a controverse sur le
point de savoir s'il est licite d'employer, comme
remède, une substance d'usage interdit.

Le savant Ibn Noudjéïm, dans son livre
*El Achbah*, déclare qu'il est permis au malade
d'employer, comme remède, des substances
impures, et même les boissons fermentées,
d'après l'un des deux systèmes admis dans
cette école. Mais il n'est permis d'employer,
comme remède, des substances d'usage illicite,
que sur l'avis d'un médecin musulman habile,
déclarant que la guérison sera obtenue au

---

(1) Célèbre docteur, né à Murcie, mort à Damas, en 638 hég. (1240).

(2) Deux jurisconsultes malékites, le père et le fils, sont désignés sous
ce nom. Le premier né au Caire en 1020, mourut en 1099 hég. (1688).
Le second né en 1055, mourut en 1122 (1710).

moyen de ce remède et en l'absence de toute substance d'usage licite pouvant en tenir lieu.

Ibn Abidin, dans son livre *Redd El Mohtar*, transcrit ce passage de la *Nihaïa* [1] : « Est-il permis au malade de boire une liqueur fermentée comme remède ? Il y a sur ce point deux systèmes, comme le déclarent l'imam Temartachi [2] et l'auteur de la *Dekhira* [3]. Quant à la doctrine qui veut que l'emploi, à titre de remède, d'une substance d'usage illicite soit lui-même illicite, on ne saurait l'admettre dans tout ce qu'elle a d'absolu. Il n'est pas permis de soigner un malade avec une substance d'usage illicite quand on ignore si le traitement est de nature à amener la guérison. Mais quand on sait que le traitement est efficace et qu'il n'en existe pas d'autre, il est permis de l'employer ».

Cette doctrine, pourra-t-on dire, est contraire aux paroles du Prophète, rapportées par Ibn Messaoud [4] et consignées dans le recueil d'El Bokhari : « *Dieu n'a pas mis votre guérison dans ce qu'il vous a défendu* ». Mais l'objection n'est pas sans réplique. Quand il est reconnu qu'une substance constitue un remède efficace, cette substance cesse d'être défendue, en tant que

---

(1) Ouvrage de droit hanafite dont l'auteur est Borhan Eddïn Ali ben Abou Bekr El Merr'inani, mort en 593 (1197).

(2) Célèbre jurisconsulte hanafite, qui vivait au 7ᵉ siècle de l'hégire (13ᵉ s. ap. J.-Ch.).

(3) Traité de droit hanafite, dont l'auteur est Abdallah ben Messaoud El Mahboubi, mort en 745 (1344).

(4) Compagnon du Prophète.

remède. Nous en voyons la preuve dans ce fait que la loi religieuse autorise l'emploi d'une boisson fermentée pour faciliter la déglutition et pour faire disparaître la soif. Les paroles du Prophète doivent donc s'entendre ainsi : « Dieu vous a autorisés à recourir aux soins médicaux; il a assigné à chaque maladie un remède ; et si dans ce remède il y a quelque chose de prohibé par la loi religieuse, alors que vous savez que le remède est de nature à assurer la guérison, l'emploi cesse d'en être prohibé, parce que Dieu n'a pas mis votre guérison dans ce qu'il vous a défendu ». — (Extrait d'Ibn Abidin.)

Pour ce qui est de l'emploi des liqueurs fermentées pour faire passer la bouchée d'aliments arrêtée dans le gosier, les quatre rites orthodoxes sont d'accord pour en reconnaître le caractère licite. De même le texte de la *Khania* déclare qu'il est licite, en cas de nécessité pressante, de boire une liqueur fermentée pour combattre la soif.

Après avoir indiqué la divergence qui existe entre les écoles hanafite et malékite, au sujet de l'emploi des liqueurs fermentées à titre de médicament, il convient d'ajouter que les jurisconsultes reconnaissent à tout musulman la faculté de suivre la doctrine d'un autre rite que le sien, pourvu qu'il soit orthodoxe. On trouve une application de cette règle générale dans le *Mokhtaçar* de Sidi Khelil, au chapitre de la prière, où il dit : « Il est permis de prier sous la

direction d'un aveugle, ou d'un fidèle apparte-
nant à un autre rite orthodoxe [1]. »


# IV

## Légitimité des mesures tendant à préserver l'homme des maladies contagieuses.

Dieu a dit dans le Coran : « *Ne vous exposez
pas volontairement à la mort* [2] ».

La recommandation contenue dans ce verset
est générale ; elle est, par conséquent, applicable
aux précautions à prendre contre tout ce qui est
nuisible, notamment contre le choléra (ou toute
autre maladie épidémique ou contagieuse).

Dieu a dit aussi dans plusieurs passages du
Coran : « *Prenez vos précautions.* »

Le savant El Qastallani [3], dans son commentaire du Recueil des Hadiths de l'imam El Bokhari, interprète ainsi le verset du Coran repro-
duit ci-dessus : « Le texte de ce verset indique
qu'il est obligatoire, au point de vue religieux,
de chercher à se préserver de tout dommage
probable. D'où il faut conclure qu'*il est d'obligation religieuse, pour un musulman, de recourir*

---

(1) Perron, Jurisprudence religieuse, I, p. 208.

(2) Coran, II, 191. — Kasimirski traduit : « Ne vous précipitez pas de
vos propres mains dans l'abime. » Cette traduction a paru à la fois trop
littérale et trop vague.

(3) Chihab Eddin Ahmed ben Mohammed El Qastallani, jurisconsulte
chaféite, auteur de nombreux ouvrages dont les plus connus sont le commentaire d'El-Bokhari et les *Maouahib Elladounnia*, mort en 923 (1517).

*aux soins médicaux en cas de maladie, de prendre des précautions contre le choléra et d'éviter de s'asseoir au pied d'un mur qui menace ruine. »*

*Hadith.* — On trouve dans le Recueil des Hadiths d'El Bokhari le récit que nous donnons ci-après, et qui a été transmis par Abdallah ben Abbès, cousin du Prophète :

Omar ben El Khattab, 2ᵉ calife, s'était mis en route pour se rendre en Syrie. — Arrivé à Sargh, il y trouva les chefs de l'armée, Abou Obéïda ben El Djarrah et ses compagnons qui étaient venus à sa rencontre. Ceux-ci apprirent à Omar que le choléra sévissait en Syrie. Omar dit alors à Abdallah ben Abbès : Appelle-moi les premiers Mohadjers [1]. — Ceux-ci furent mandés devant le calife, qui les consulta sur ce qu'il convenait de faire en raison des nouvelles reçues au sujet du choléra. Les avis furent partagés. Les uns disaient : Tu es parti pour mettre à exécution un projet déterminé ; il nous semble que tu ne dois pas revenir sur tes pas avant de l'avoir accompli. — D'autres disaient : Tu as avec toi le reste des compagnons du Prophète. Pourquoi les exposerais-tu aux dangers de cette épidémie ? — Retirez-vous, leur dit Omar. — Il convoqua ensuite les Ançars [2], dont les opinions furent aussi divergentes que celles

---

(1) Les Mohadjers sont ceux qui émigrèrent de la Mecque avec le Prophète.

(2) Les Ançars sont les habitants de Médine qui donnèrent asile à Mohammed.

des Mohadjers. — Il fit alors comparaître ceux des vieillards de la tribu de Qoraïch, qui avaient pris part à la conquête de la Mecque et qui se trouvaient présents. Ceux-ci furent unanimes : « Notre avis, dirent-ils, est que tu dois rebrousser chemin avec tout ton monde, au lieu de l'exposer au choléra. » Aussitôt Omar annonça que, le lendemain, il retournerait sur ses pas, et que l'on eût à faire comme lui. Abou 'Obeïda lui demanda : « — Penses-tu échapper aux décrets de Dieu? — J'eusse préféré, dit Omar, que cette parole sortît d'une autre bouche que la tienne. C'est vrai. Nous fuyons des décrets de Dieu vers les décrets de Dieu. Imagine que tu as un troupeau de chameaux qui s'engage dans une vallée à deux versants, l'un fertile et l'autre stérile. Que tu les fasses paître sur l'un ou l'autre versant, ne sera-ce pas toujours en vertu des décrets du Très-Haut ? » — Sur ces entrefaites arriva Abderrahman ben Aouf, qui était absent. — Je suis renseigné sur cette question, dit-il. J'ai entendu le Prophète prononcer ces paroles : « *Si vous apprenez que le choléra règne dans un pays, n'y allez pas ; et s'il sévit dans le pays où vous vous trouvez, n'en sortez pas pour fuir la contagion* ». Omar rendit grâces à Dieu et partit.

*Hadith.* — Les deux recueils authentiques de hadiths (El Bokhari et Moslim) rapportent ces mots qui ont été recueillis, de la bouche du Prophète, par Ousama ben Zeïd : « *La peste est un châtiment qui fut envoyé à un groupe des Beni-Israël et à ceux qui ont existé avant vous. Si vous apprenez qu'elle règne dans une région, n'y pénétrez pas; et si elle se déclare dans un territoire où vous vous trouvez, ne quittez pas ce territoire pour la fuir. »*

La conclusion à tirer de ces deux hadiths, c'est qu'il n'est pas licite de se rendre dans un pays où on a appris qu'il existe une maladie contagieuse, de même qu'il n'est pas licite de se sauver d'un pays où règne cette maladie.

Toutefois, le cadi Ayadh [1] et d'autres jurisconsultes affirment qu'il est permis de sortir d'un pays pour échapper à une épidémie et appuient leur doctrine sur l'autorité d'un groupe de compagnons du Prophète, au nombre desquels figurent Ali et El Mar'ira ben Choâba, et de disciples (tabiâïn) tels que El Asoued ben Hilal et Masrouq, qui fuyaient l'épidémie.

Ibn Djarir raconte que Abou Moussa El-Achâri [2] envoyait ses enfants chez les Bédouins pour les soustraire à l'épidémie.

On rapporte aussi que Amr ben El Aci disait : « Dispersez-vous, pour échapper à ce fléau, dans les ravins, dans les vallées, sur les sommets des montagnes ».

Il interprétait ainsi l'interdiction contenue dans les paroles du Prophète dans le sens d'une

---

(1) Cadi de Grenade en 532 hég. Disciple de l'imam El Mazari. Auteur de plusieurs ouvrages estimés. Mort à Maroc en 544 (1149).

(2) Compagnon du Prophète.

recommandation sans caractère formellement obligatoire.

On lit dans le commentaire des *Maouahib*, par le savant Sidi Mohammed Zorqani [1] : « Les jurisconsultes indiquent plusieurs raisons qui justifient cette interdiction de quitter un pays contaminé. Ils font ressortir, notamment, que si on tolérait que les personnes bien portantes quittassent le pays, il n'y resterait plus que les malades qui y seraient retenus par l'épidémie, et qui seraient plongés dans la désolation. Ils n'auraient plus personne pour les soigner et les assister, pour leur donner à boire et à manger, ce qu'ils ne pourraient faire d'eux-mêmes. Ils seraient ainsi condamnés à succomber inévitablement, alors qu'on aurait pu les guérir. Au reste, les personnes bien portantes ne seraient pas absolument sûres d'éviter la maladie. En restant dans le pays il n'est pas certain qu'elles y succomberaient, de même qu'en s'en éloignant il n'est pas certain qu'elles échapperaient à tout danger ».

Nous avons vu, par tout ce qui précède, qu'il est parfaitement licite, au point de vue religieux, de chercher à se garantir des maladies contagieuses. Dès lors, il est évident que les quarantaines que l'on fait subir dans les lazarets ne sont nullement contraires à la loi musulmane, puisqu'elles constituent des mesures de précaution

---

(1) Mohammed ben Abd El Baqi Zorqani, mort en 1122 (1710).

contre la contagion. Cela est bien démontré dans le travail publié par le savant Hamdan ben Athman Khodja, l'Algérien, sous le nom *Ithaf El Oudaba* [1]. Cet auteur incline même à penser que la quarantaine est non seulement licite, mais encore obligatoire au point de vue religieux.

Si je n'avais craint d'être accusé de prolixité, j'aurais donné ici quelques passages de ce travail, avec les éloges qui en furent faits par les savants de Constantinople, lesquels déclarèrent que le gouvernement ottoman agissait conformément à la loi religieuse, en établissant les quarantaines.

Le cheikh-el-islam Sidi Mohammed Birem Etthani a composé, sur la légitimité des précautions prises contre le choléra, un opuscule intitulé *Hosn ennaba.* Le célèbre cheikh Refaa y a fait allusion dans la relation de son voyage à Paris [2]. « Je crois opportun, dit-il, de relater ici les avis exprimés au sujet des quarantaines par les savants du Maghreb, d'après ce que j'ai appris de l'un des hommes les plus distingués de ce pays. Une discussion s'est élevée entre le savant Mohammed El Menaï, professeur à la mosquée Zitouna, de Tunis, et le mufti hanafite Mohammed Birem, auteur de plusieurs ouvrages sur diverses matières. La question était de savoir si les quarantaines sont, au point de vue

---

(1) Constantinople, djoumada el oula, 1254 (1838).
(2) Boulaq, 1265 (1849),

religieux, licites ou illicites. Le premier soute-
nait qu'elles sont illicites. Le second rédigea sur
cette question une notice, dans laquelle il dé-
montra, au moyen de textes empruntés au Coran
et à la Sonna, que les quarantaines sont, non
seulement licites, mais obligatoires. De son côté
le premier rédigea une autre notice dans laquelle
il affirmait le caractère illicite des quarantaines,
en s'appuyant sur cette considération qu'elles
tendent à soustraire les hommes aux décrets de
Dieu. »

Or, nous savons qu'il est louable de chercher
à se soustraire à tout ce qui peut causer un
dommage quelconque ; de quitter, par exemple,
une habitation pendant un tremblement de terre,
pour se réfugier en rase-campagne, ou de pres-
ser le pas quand on passe à côté d'un mur qui
menace ruine, etc....

*Hadith.* — On raconte, en effet, que le Prophète, passant près d'un édifice qui menaçait
ruine, pressa le pas. « *Veux-tu fuir les décrets de
Dieu, lui demanda-t-on ? — Si je fuis les décrets
de Dieu, répondit-il, c'est par l'effet des décrets de
Dieu.* » — Ce qui précède est raconté par le
cheikh Mahmoud ben Hamza El Hosseïni, mufti
de Damas, dans son livre *El Faraïd El Bahia.*

# CONCLUSION

En résumé, l'homme ne doit pas faire abandon de son individu, ni renoncer à son action personnelle ; il ne doit pas s'en remettre à la destinée, ni régler sa conduite sur les arrêts du destin avant qu'ils s'accomplissent ; ce serait se condamner à l'inaction ; ce serait même enfreindre la loi musulmane.

*Hadith.* — Au bédouin qui avait laissé sa chamelle à l'abandon, le Prophète a dit : « *Attache-la et confie-toi à Dieu.* »

Le savant El Qarafî [1], dans son livre *Elfourouq*, dit que « dénier tout effet utile aux actions humaines c'est médire de la religion. » Le célèbre docteur du soufisme El Qochaïr [2], a dit dans sa *Risala* : « Ce n'est qu'après avoir fait tous ses efforts et employé tous les moyens à sa disposition, que l'homme peut dire, s'il n'obtient pas le résultat désiré : — Le destin ne l'a pas voulu. »

Rappelons aussi ces deux vers d'une si grande justesse :

« En toutes circonstances, arme-toi de réso-

----

[1] Chihab Eddin Abou El Abbes Ahmed ben Idris El Qarafî, jurisconsulte malékite, mort en 684 (1285).

[2] Abou El Qassem Abd El Kerim ben Houazen ben Abd El Malik ben Talha ben Mohammed El Qocheïri, l'un des principaux fondateurs du soufisme, mort en 514 (1120).

lution pour arriver au but que tu désires, et
pour combattre le sort ; — si tu réussis, tu
le devras à tes propres efforts ; et si tu échoues
tu n'auras rien à te reprocher. »

La doctrine des sectes orthodoxes recon-
naît que, dans les actes de l'homme, la volonté
humaine a une part, qui est nommée كسب (le
gain), et c'est sur cela que reposent, dans tous
les systèmes, les idées de récompense et de
châtiment. Les hommes doivent compte de
cette part que Dieu a concédée à leur libre arbitre ; ils sont responsables de l'observation des
règles impératives ou prohibitives imposées par
la Divinité. Ce libre arbitre forme la base de la
responsabilité légale, en matière civile et en
matière religieuse, ainsi que de la justice et de
la morale.

Il est faux de dire que l'homme est contraint
dans toutes ses actions, comme la plume qui est
suspendue en l'air et qui obéit au vent, d'où
qu'il vienne, ainsi qu'on le prétend dans la secte
des Djabaria (déterministes). Un poète apparte-
nant à cette secte a dit :

« Que peut l'homme, dis-moi, en présence du
destin qui le domine en toutes circonstances ? —
Dieu l'a jeté à la mer tout garrotté, en lui disant :
prends garde ! prends garde de te mouiller ! »

Le cheikh Abd El Malik ben Abd El Ouahab
El Fattani, dans son livre *El Matalib El Hissan*,
a répondu, également en vers, par ces mots :

« La volonté de l'homme, dans les actes qu'il

accomplit, par cela seul qu'elle précède l'acte accompli, exclut toute contrainte ; — Le mouvement de celui qui descend volontairement n'est pas identique au mouvement de celui qui tombe ou qui est lancé par une force étrangère. » Ce qui signifie, en d'autres termes : Il nous est impossible d'admettre que la volonté de l'homme n'est pas libre. Le mouvement de celui qui descend de son propre gré, ne ressemble pas au mouvement de celui qui tombe par l'effet d'une impulsion extérieure. La différence entre ces deux mouvements est évidente. Le premier ne se produit qu'après le désir né d'une conception intellectuelle correspondante à ce mouvement : il n'en est pas ainsi de l'autre.

Les quarantaines sont, par conséquent, licites, au point de vue religieux, comme le prouvent les textes qui précèdent. Si elles ont été inventées par les Européens, ce n'est pas une raison pour que les musulmans doivent les proscrire. Il n'y a pas de mal à s'aider de l'opinion des Européens, quand les circonstances le comportent, puisqu'ils sont les plus versés dans la connaissance des mesures prophylactiques ou thérapeutiques utiles dans les maladies contagieuses, et qu'ils possèdent à fond les règles de l'art médical. Le Prophète a dit, en effet : «*Ayez recours, pour chaque métier, à ceux qui le possè-*

*dent* ». Ces paroles sont relatées par Siouti [1], dans son ouvrage *Ellaali Elmountathira*.

23 châban 1313 (6 février 1896).

Kamal Mohammed ben Mostafa ben El Khodja,

Professeur à la Mosquée Safir d'Alger.

---

[1] Djelal Eddin Abderrahman ben Abou Bekr Essiouti, auteur de plus de 400 ouvrages, mort en 911 (1505).

Alger. — Imprimerie Pierre Fontana et Cᵉ, rue d'Orléans, 29. — 4-96

www.ingramcontent.com/pod-product-compliance
Lightning Source LLC
Chambersburg PA
CBHW051328060726
47596CB00004B/1533